DE

L'ADMINISTRATION THÉRAPIQUE

DES

EAUX MINÉRALES

DU MONT-DORE

CONSIDÉRATIONS

**Sur les Laryngites chroniques, les Angines granuleuses
les Bronchites simples ou sous forme d'asthme
et le Catarrhe de la trompe d'Eustache avec dureté de l'ouïe
et même surdité**

Par M. le Dr BOUDANT

Professeur à l'Ecole de médecine de Clermont-Ferrand
médecin aux eaux du Mont-Dore
Chevalier de l'Ordre impérial de la Légion d'honneur, etc.

CLERMONT-FERRAND
TYPOGRAPHIE ET LITHOGRAPHIE MONT-LOUIS
Rue Barbançon, 2
1870

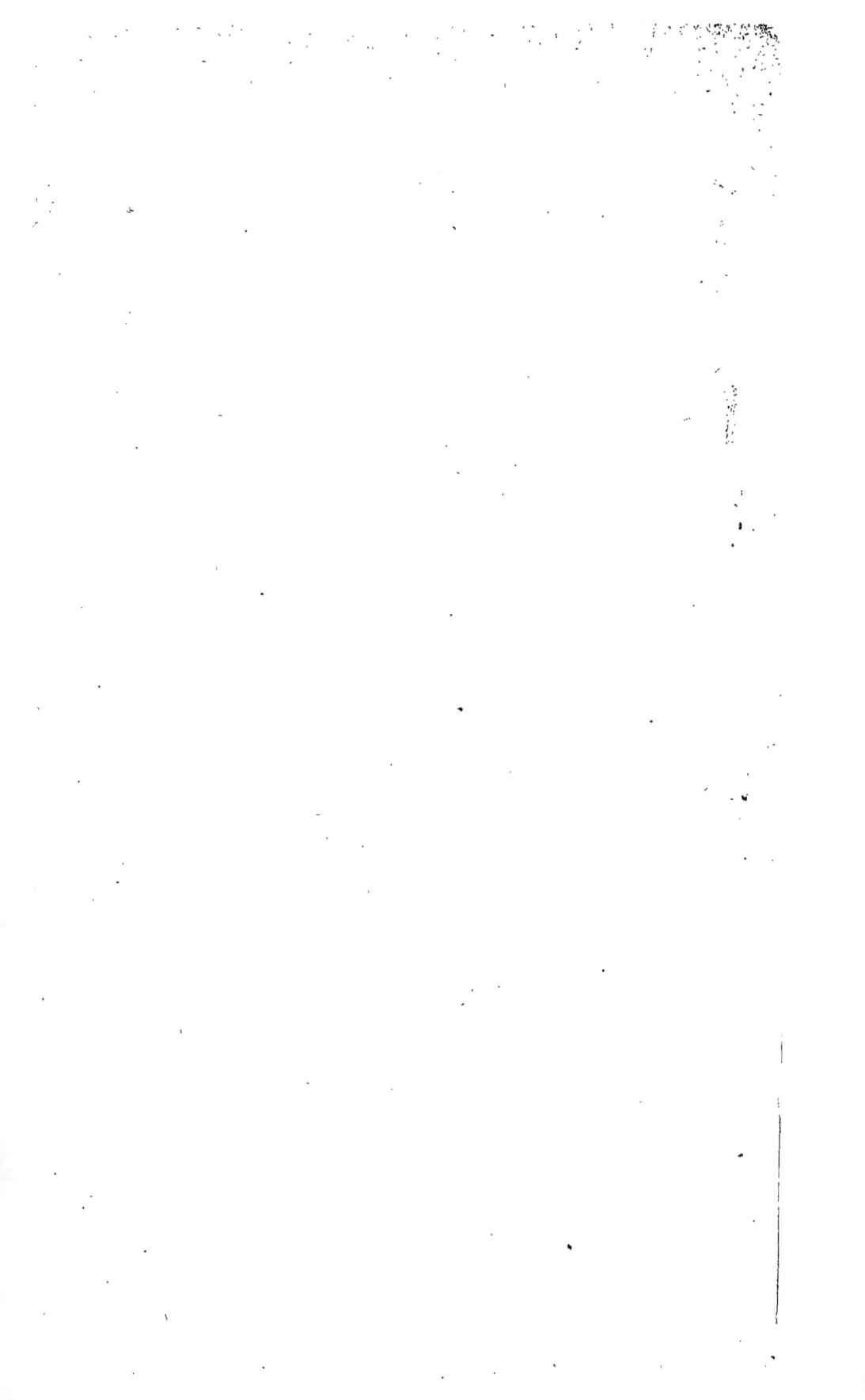

DE L'ADMINISTRATION THÉRAPIQUE

DES

EAUX MINÉRALES

DU MONT-DORE

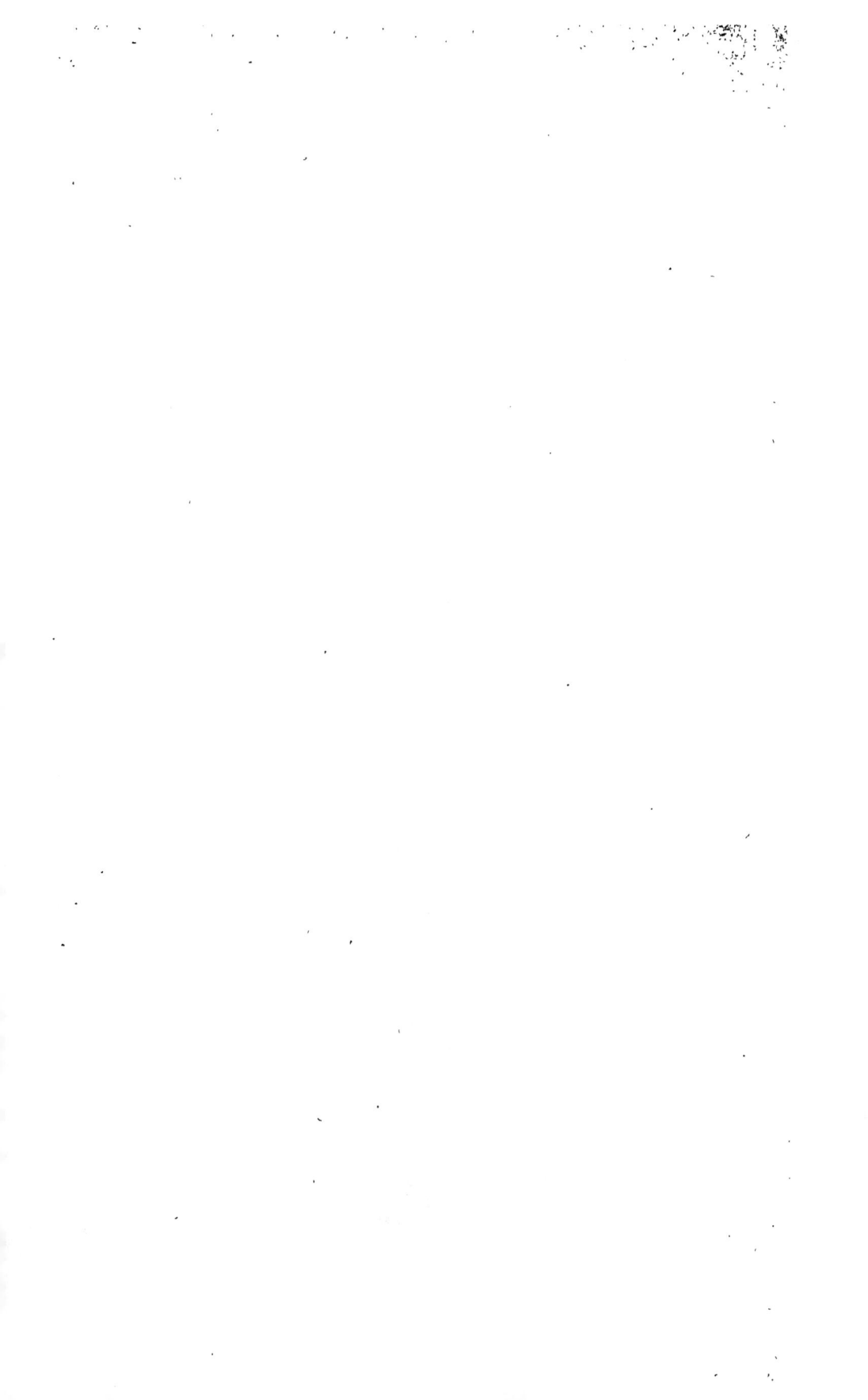

DE

L'ADMINISTRATION THÉRAPIQUE

DES

EAUX MINÉRALES

DU MONT-DORE

CONSIDÉRATIONS

**Sur les Laryngites chroniques, les Angines granuleuses
les Bronchites simples ou sous forme d'asthme
et le Catarrhe de la trompe d'Eustache avec dureté de l'ouïe
. et même surdité**

Par M. le Dr BOUDANT

Professeur à l'Ecole de médecine de Clermont-Ferrand
médecin aux eaux du Mont-Dore
Chevalier de l'Ordre impérial de la Légion d'honneur, etc.

CLERMONT-FERRAND

TYPOGRAPHIE ET LITHOGRAPHIE MONT-LOUIS

Rue Barbançon, 2

1870

INTRODUCTION

Les considérations que j'ai réunies dans cette publication ont déjà paru en partie dans divers journaux de médecine (1). Ces articles isolés, n'ayant qu'une vitalité éphémère, sont peut-être oubliés ou difficiles à retrouver pour les personnes qu'ils peuvent intéresser ; c'est dans le but de leur donner une existence plus durable et d'en faciliter la connaissance, qu'après les avoir retouchés, je me suis décidé, sur la demande de plusieurs confrères, à les éditer sous forme de

---

(1) *Gazette des Hôpitaux, Journal des Connaissances médicales, Revue de thérapeutique* et *Journal de Lyon.*

brochure en attendant l'impression du *Traité de clinique médicale* que je me propose de faire paraître bientôt sur les eaux du Mont-Dore.

Cette station thermale est de la plus haute importance par ses propriétés médicales, on ne saurait trop les divulguer. Les belles expériences du savant docteur Scoutetten ont traduit en fait et nous ont révélé une des causes principales de la puissante action de ces eaux ; l'électricité dynamique y est très-accentuée. S'il eût été donné à l'ancien et célèbre inspecteur, Michel Bertrand, qui avait pressenti et préparé cette admirable découverte, de pouvoir assister à nos séances de juin et juillet 1865, quelle agréable surprise eût éprouvée cette nature si impressionnable devant la mobilité fougueuse de l'aiguille du galvanomètre de Nobili et les frémissements sans trève de ses oscillations ! Alors son génie médical eût été vengé de n'avoir pas été compris en 1817, quand il annonça cette grande vérité à l'Institut, à savoir, que l'électricité qui se dégage des eaux du Mont-Dore est une des causes principales de leur efficacité immédiate.

Ce fait, bien démontré aujourd'hui, réuni aux

découvertes chimiques modernes, consignées toutes avec une précision mathématique dans le beau travail de M. Jules Lefort, ne laisse pour ainsi dire plus d'incertitude pour expliquer cet inconnu, ce *quid divinum* qui a été cherché si longtemps. L'administration des eaux n'est donc plus une formule empirique, la connaissance intime des divers éléments connus jusqu'à ce jour devient un guide certain pour leur application et la facilité de l'intelligence des réactions physiologiques dont les avantages sont le rétablissement de la santé.

Si parmi les maladies auxquelles cette médication est utile, j'ai traité de préférence, cette année, des laryngites, des angines granulées, des bronchites simples ou sous forme d'asthme et du catarrhe de l'organe de l'ouïe, c'est que j'ai l'intime conviction qu'elle est une des meilleures et doit alléger bien des souffrances ou les guérir. Ce but atteint est toute mon intention et mon plus vif désir.

Avant d'entrer en matière, nous croyons utile de rappeler ici la composition chimique des eaux, parce que cette question m'est souvent posée, la meilleure manière d'y répondre est de consigner dans notre travail le résultat de la dernière analyse faite au nom de la Société d'hydrologie, par M. Jules Lefort, 1862.

Tableau comprenant les quantités de combinaisons salines attribuées à un litre des sources thermales du Mont-Dore.

	SOURCE de la MAGDELEINE	SOURCE du PAVILLON	SOURCE RIGNY	SOURCE CÉSAR	SOURCE RAMOND
Oxygène.....................	0,65	0,77	0,71	0,98	0,73
Azote.	8,64	10,45	9,25	14,22	10,01
Acide carbonique libre........	0,3522	0,3810	0,3644	0,5967	0,4997
Bicarbonate de soude........	0,5362	0,5452	0,5375	0,5361	0,5362
— de potasse........	0,0309	0,0309	0,0232	0,0212	0,0212
— d'oxyde de rubidium d'oxyde de cœsium..	Indices.	Indices.	Indices.	Indices.	Indices.
— de lithine..........	Traces.	Traces.	Traces.	Traces.	Traces.
— de chaux..........	0,3423	0,3142	0,3092	0,3209	0,2720
— de magnésie.......	0,1757	0,1676	0,1628	0,1676	0,1647
— de protoxyde de fer.	0,0207	0,0235	0,0250	0,0258	0,0317
— de manganèse......	Traces.	Traces.	Traces.	Traces.	Traces.
Chlorure de sodium.	0,3685	0,3630	0,3599	0,3587	0,3578
Sulfate de soude.............	0,0761	0,0761	0,0761	0,0756	0,0737
Arséniate de soude.	0,00096	0,00096	0,00096	0,00096	0,00096
Borate de soude............. Iodure et fluorure de sodium....	Traces.	Traces.	Traces.	Traces.	Traces.
Acide silicique..............	0,1654	0,1686	0,1653	0,1552	0,1550
Alumine...................	0,0112	0,0094	0,0101	0,0083	0,0065
Matière organique bitumineuse..	Traces.	Traces.	Traces.	Traces.	Traces.
TOTAUX........	2,08016	2,07776	3,03546	2,26736	2,11946

Comme nous le verrons en parlant de l'eau pulvérisée, toutes les propriétés chimiques y sont conservées : et dans les vapeurs hydrominérales, les analyses de M. Lefort s'accordent parfaitement avec celles de l'illustre Thénard et de M. Pierre Bertrand. Seulement ses instruments étant plus précis et ses méthodes d'analyse meilleures, il y a trouvé une plus grande proportion des principes constituants des eaux que ses devanciers. Enfin, l'expérience du jeune et habile chimiste lui a fait reconnaître que, dans des eaux minéralisées à un certain degré, divers sels n'ont qu'une fixité apparente et qu'ils se volatilisent facilement. Sous ce rapport, il ajoute que les eaux du Mont-Dore sont dans les conditions les plus favorables pour abandonner à la vapeur aqueuse la plus grande partie de l'arséniate de soude qu'elles renferment, et de quelques autres matières salines très-subtiles, la vapeur étant d'ailleurs forcée et condensée.

DE L'ADMINISTRATION THÉRAPIQUE

DES

EAUX MINÉRALES

DU MONT-DORE

———o-o-o◯⋺€◯o-o-o———

Les prescriptions thermales au Mont-Dore, con-
sistaient tout simplement autrefois dans l'administration des eaux minérales prises en boisson et en
bains ; les écrits des médecins de toutes les époques
n'en témoignent pas moins de l'efficacité de cette
médication dans le traitement des maladies chroniques de la gorge, du larynx, des bronches et des
poumons eux-mêmes. Vers la fin du siècle dernier,
le docteur Peyronnet y ajouta la douche liquide et en
obtint d'excellents résultats dans les affections rhumatismales, herpétiques, lymphatiques, et surtout
dans la consomption dorsale, qui souvent ne devait
être que l'effet de la spermatorrhée (maladie peu
connue alors), enfin dans certaines luxations spon-
tanées.

Son successeur, M. Michel Bertrand, faisait aussi un grand usage des douches et n'était pas moins heureux ; les pédiluves répétés étaient encore entre ses mains un puissant révulsif. Plus tard ce médecin, aussi éclairé qu'observateur attentif, fit la remarque que la vapeur des bains chauds du Pavillon et des douches de César, produisait un soulagement extraordinaire à certains malades atteints d'asthme, d'emphysème et autres dyspnées dépendant d'une affection nerveuse ou organique de l'appareil respiratoire ; aussitôt par ses soins une pièce provisoire fut consacrée à la pratique des inhalations, et le Mont-Dore, depuis 1833, a été doté d'un vaporarium.

Placé d'abord dans un espace circonscrit, et le succès dépassant toute espérance, des pièces plus spacieuses devinrent bientôt indispensables ; enfin sous l'administration de M. Pierre Bertrand, l'établissement commode et élégant qui aujourd'hui est destiné à la vapeur pour les douches et les inhalations, fut terminé et mis en activité. Tout le premier étage est destiné aux inhalations de l'eau en vapeur, et c'est au rez-de-chaussée de ce vaste vaporarium que se trouvent les cabinets de douches de vapeur et les deux salles réservées pour la respiration de l'eau pulvérisée, selon le procédé de M. Sales-Girons.

A l'époque où cette méthode thérapeutique fit son apparition avec éclat dans le monde médical, le Mont-Dore était donc déjà en possession de moyens variés et puissants à opposer à un groupe nombreux de maladies des organes de la déglutition, de la phonation et de la respiration ; elle n'en fut pas moins accueillie avec faveur et soumise avec empressement à l'expérimentation ; pour réussir, il fallait qu'elle eût une valeur réelle, car les médecins, comme les malades, n'avaient qu'à se louer hautement des diverses pratiques de cette station thermale, et particulièrement des inhalations de l'eau en vapeur. Son action directe, immédiate, sur les parties affectées, produit toujours un soulagement instantané, souvent une amélioration voisine de la guérison, et quelquefois des guérisons réelles dans des lésions organiques paraissant désespérées.

Dans ces salles d'inhalation, considérées jusqu'alors comme le plus entier complément de la thérapie du Mont-Dore, que d'affections diverses et souvent très-graves s'y trouvent réunies ! Rien de plus satisfaisant que d'assister au soulagement extraordinaire ressenti par l'asthmatique ou l'emphysémateux, dont l'oppression et la suffocation se dissipent comme par enchantement. Quelle bonne impression pour le malade affecté de bronchite sèche, irritative, spasmodique, de sentir ses voies respiratoires adoucies et humectées de cette vapeur bienfaisante! Et celui qui, atteint de catarrhe chronique invétéré, ne pouvant qu'à l'aide de quintes de toux répétées et fatigantes, extraire péniblement quelques crachats visqueux et gluants, est heureux d'expectorer avec abondance et facilité. Jusqu'aux malheureux phthisiques, enfin, haletants, épuisés par la fièvre et à bout de forces! Quelques-uns se sentent renaître et sont rappelés à l'existence au contact de ces inhalations qui cicatrisent les cavernes de leurs poumons, pendant que chez d'autres, moins avancés, l'action topique de la vapeur combinée avec d'autres médications thermales, opère la résolution de l'irritation congestive et périphérique entretenue par la présence de tubercules crus ou passant au ramollissement.

Pour opérer des manifestations physiologiques, souvent si remarquables, l'eau minérale réduite à l'état de vapeur perd-elle de ses propriétés chimiques, à l'instar des eaux sulfureuses? Toutes les analyses faites jusqu'à ce jour démontrent le contraire. D'abord les eaux ne contiennent pas un atome de soufre ni de gaz hydrogène sulfuré, et le célèbre chimiste Thénard, pendant le séjour qu'il fit au **Mont-Dore** pour sa santé, en 1855, a retrouvé non-seulement dans les eaux les substances indiquées par MM. Chevalier et Gobley, en 1848, mais encore, dans la vapeur des salles d'inhalation, les parties constituantes principales analysées déjà par M. Pierre Bertrand ; c'est-à-dire du gaz acide carbonique, les substances salines les plus subtiles, des chlorures et des particules d'arséniate de soude. Aussi, en juin 1854, le savant académicien terminait la lecture de son travail à l'Institut en disant : « On ne saurait mettre en doute que ce ne soit spécialement à l'arséniate de soude que ces eaux doivent leur puissante action sur l'économie animale. »

Ce qu'il y a de certain, c'est que l'observation clinique est parfaitement d'accord avec les analyses chimiques. Moins exclusif, cependant, nous pensons que les sulfates et les carbonates consignés en 1822, dans l'analyse de M. Berthier ; que les crénates et les apocrénates de fer, constatés en 1844 par MM. Pierre Bertrand et Aubergier ; que l'iode, signalé en 1856 par M. Gonod fils ; enfin que les oxydes de rubidium et de cœsium découverts en 1862 par le savant et habile chimiste M. Lefort, et consignés dans un travail extrait des *Annales de la Société d'hydrologie*, lequel est sûrement le plus complet et le plus important qui ait été publié sur ces eaux au point de vue chimique ; nous croyons, dis-je, que la présence de ces substances, et autres que nous passons sous silence, ne sont point étrangères à l'action moléculaire exercée physiologiquement sur l'organisme, et que ces phénomènes ne sont point seulement l'effet d'un principe unitaire.

Bien qu'en possession des moyens dont nous venons de faire l'énumération, auxquels il faut ajouter les gargarismes, et surtout les irrigations dans la gorge, dans le traitement des angines simples ou granulées, il n'en est pas moins vrai que les malades disposés aux hémoptysies, aux congestions cérébrales, ou atteints d'une affection du cœur ou des gros vaisseaux, se trouvaient réduits à boire simplement de l'eau et à prendre des pédiluves. Impossible de songer à les soumettre aux inhalations, encore moins de les plonger dans l'eau; « et pourtant les bains et les demi-bains, disait Michel Bertrand, en 1823, sont d'une importance extrême au Mont-Dore. » Aussi la pulvérisation de l'eau minérale fut-elle accueillie avec empressement par tous les médecins de cette station, comme une ressource thermale qui devait être favorable aux personnes comprises spécialement dans ces trois catégories.

Les dispositions de la salle étaient à peine terminées que, déçus dans notre attente, nous acquîmes la conviction que ce procédé respiratoire ne pouvait ainsi être continué sans de graves inconvénients; malgré toutes les précautions pour se garantir du froid et de l'humidité, les malades couverts de manteaux, chaussés de gros souliers ou de sabots, étaient à leur sortie mouillés, refroidis, gelés; il y aurait eu imprudence, danger même, de les engager à persister. Cependant, M. le Concessionnaire s'était parfaitement conformé aux indications données par M. Sales-Girons, il opérait avec son appareil instrumental; bien mieux, l'eau de la source de la Magdeleine a 45 degrés, celle de Pierrefonds, patrie de la pulvérisation, en a tout au plus 30. Malgré cette énorme différence de température (un tiers en sus au Mont-Dore), le refroidissement de la salle était tel qu'il pouvait tout au plus être toléré par des personnes bien portantes.

De toute nécessité il fallait abandonner l'eau pulvérisée ou trouver un moyen de la rendre supportable et avantageuse; après en avoir conféré entre nous, il fut décidé par un *consensus* médical spontané qu'il n'y avait qu'un seul moyen d'y remédier, c'était de faire parvenir dans la salle une bouche de vapeur d'eau minérale, de manière à pouvoir graduer la chaleur. M. l'Inspecteur, toujours aussi empressé pour le bien de l'établissement que bienveillant envers ses confrères, fit procéder de suite aux travaux nécessaires à cet effet.

Toutes les difficultés se trouvèrent levées sur-le-champ et vaincues avec bonheur, de sorte que maintenant l'eau en poussière nuageuse est respirée rarement pure à la température de la source de la Magdeleine : le plus ordinairement elle est mélangée à une quantité plus ou moins considérable d'eau en vapeur, la même que celle qui alimente les salles d'inhalation ; par ces procédés, variés selon les besoins des malades et la température du dehors, à moins d'une complication extraordinaire, d'une dégénération au-dessus de toute ressource, comme je l'ai déjà dit ailleurs (1), si un traitement bien dirigé ne conduit pas à une guérison entière, les malades sont assurés du moins d'une amélioration notable.

Je ne crois pas devoir insister ici sur les diverses questions théoriques et pratiques soulevées il y a quelques années dans la presse et à l'Académie à propos de l'eau pulvérisée. M. Poggiale, dans son savant et judicieux rapport, les a parfaitement résolues ; d'un autre côté, M. Trousseau, avec l'autorité de sa haute position dans la science, M. Durand-

(1) *Des suites de la pleurésie au Mont-Dore.*

Fardel, avec sa grande habitude de voir juste et vite en hydrologie, ont résumé et clos ce débat de la manière la plus conforme à l'observation clinique ; inutile donc, à moins de redites sans profit pour la science, de chercher à déterminer si l'eau pulvérisée pénètre ou non dans les bronches, si la pulvérisation est utile ou si elle peut être nuisible, si enfin elle est préférable aux autres moyens thermaux. Ce qu'il y a de certain, c'est que comme conclusions générales il est bien établi :

1° Que d'après les dernières expériences de M. de Marquay, l'eau pulvérisée peut pénétrer au-dessous de la glotte et doit être inspirée assez profondément dans les bronches ;

2° Qu'à l'aide des appareils de MM. Charrière et Mathieu, certains liquides médicamenteux pulvérisés peuvent être employés avec avantage dans la pratique particulière et au lit des malades ;

5° Que dans un établissement thermal où l'eau en poussière est répandue dans une salle plus ou moins vaste, le refroidissement considérable qui résulte de la pulvérisation exige de toute nécessité des bouches de chaleur, sous peine d'exposer les malades à toutes les conséquences du refroidissement et de l'humidité ;

4° Que, par le fait de la pulvérisation, les eaux

minérales sulfureuses sont plus ou moins décomposées, perdent leurs caractères chimiques spéciaux, et par conséquent leurs propriétés médicatrices.

Revenant à notre sujet et ne voulant traiter la question qu'au point de vue du Mont-Dore, voici sans prévention ce que les faits et l'expérience clinique nous ont appris :

1° Le brouillard qui résulte de la pulvérisation contient tous les principes minéralisateurs de l'eau thermale de la Magdeleine ;

2° Bien que l'eau de cette source ait une température de 45 degrés, par l'effet de son brisement sur les disques, l'air ambiant n'en est pas moins très-refroidi ;

3° Que pour rendre cette médication facile, avantageuse, exempte de tout danger, il est indispensable qu'une quantité variable de la vapeur des salles d'inhalation soit mêlée à l'atmosphère de la salle de pulvérisation, afin de l'échauffer à un degré convenable ;

4° Que cette méthode ainsi modifiée est d'une utilité réelle dans le traitement des maladies qui ont pour siége la région sus-glottique, telles que les diverses espèces d'angines simples ou granulées, même quand elles occupent la muqueuse glosso et péri-épiglottique ou intra-laryngée ;

5° Qu'elle est aussi très-avantageuse dans les affections du larynx et de la trachée, qu'il y ait altération ou perte de la voix, surtout si la maladie est idiopathique ;

6° Que son action est moins efficace et souvent insignifiante dans les bronchites sèche, spasmodique, catarrhale, les tubercules crus ou ramollis, les cavernes ; mais dans ces cas il est juste de tenir grand compte de la gravité des lésions, de leur nature, de l'importance des organes affectés, etc. ;

7° Que l'eau en poussière, légèrement échauffée par la vapeur, peut être employée sans inconvénient dans la bronchite ou la phthisie avec tendance aux hémoptysies, aux congestions cérébrales, et que les personnes qui sont en même temps dans l'obésité, pléthoriques ou affectées d'une maladie du cœur et des gros vaisseaux, la supportent facilement ;

8° Que cette médication est nulle et peut être nuisible aux asthmatiques et aux emphysémateux. Pour ces derniers, rien ne peut remplacer la vapeur dans les salles d'inhalation.

D'après cet exposé, la valeur médicale de la pulvérisation n'est plus douteuse, son application dans des cas déterminés est une véritable conquête; avec la modification qui lui a été imprimée au Mont-Dore, l'Établissement n'a qu'à s'en louer. Honneur donc et reconnaissance à M. le docteur Sales-Girons !

Des Bains.

Les bains sont administrés de deux manières : chauds et courts, à la température native ou gradués et tempérés selon l'appréciation du médecin.

Les premiers ne sont que très-rarement mis en usage aujourd'hui, ils sont pris dans la galerie du Pavillon, dont les cabinets sont plutôt réservés pour les demi-bains ; les malades sont placés sur les griffons mêmes, en contact avec l'eau qui émerge en bouillonnant des fissures basaltiques de la montagne, et reçoivent directement l'impression de l'électricité dynamique, plutôt prévue que prouvée par Michel Bertrand, et dont les réactions vives, continues, excitantes, nous ont été démontrées par les belles expériences de M. Scoutetten. Le plus souvent, durant le demi-bain, qui est de dix à quinze minutes, une douche variable en force et en durée (suivant les cas) est dirigée sur le rachis, les épaules et les bras ; alors les effets primitifs et immédiats de ce mode de balnéation sont des plus remarquables et des plus accentués : révulsion subite dégageant les parties supérieures et surtout les organes pulmo-

naires (1), rubéfaction et turgescence de la peau, ex-
citation générale qu'il est important de savoir mo-
dérer, moiteur ou sueur au lit, dans lequel le malade
est porté de suite, au bout de quelques heures sensation de bien-être et de force : souvent après sept
ou huit jours de traitement, poussée thermale, éruptions diverses, furoncles, etc.

Tel était le traitement externe de prédilection ins-
titué par le célèbre inspecteur Michel Bertrand, et
qui a fait sa gloire pendant cinquante-huit ans de
règne au Mont-Dore; aussi, parfaitement convaincu,
il écrivait d'un ton dogmatique les lignes suivantes,
pages 136 et 137 de ses *Recherches :* « L'utilité des
» bains tempérés est réelle, je n'en doute point;
» mais je doute bien moins encore que les eaux du
» Mont-Dore ne tombassent en désuétude si jamais
» ces bains étaient mis en première ligne de se-
» cours, et si l'usage venait à les faire prévaloir sur
» les Grands-Bains ou du Pavillon. Avec les pre-
» miers tout irait doucement et sans encombre;
» mais ce qui irait doucement aussi, ce sont les gué-
» risons. Les Grands-Bains (Pavillon) et la fontaine
» de la Magdeleine ont fait la réputation des eaux
» du Mont-Dore, ils constituent la médecine topique

---

(1) Surveiller et éviter avec soin la faiblesse ou la syncope.

» et spéciale du lieu ; on ne doit point le perdre de
» vue, c'est par eux que contre toute espérance
» tant de rhumatisés ont recouvré l'usage de leurs
» membres, que tant d'affections chroniques de la
» poitrine ont été guéries ! »

Malgré les sinistres prédictions du grand maître,
ce n'est point la circonspection de l'emploi des bains
du Pavillon ni la surveillance active qu'ils exigent,
qui font aujourd'hui donner le plus souvent la préférence aux bains ou demi-bains tempérés de César
ou de la Magdeleine, mais bien la faiblesse des
tempéraments et l'état grave de nos malades. On
trouve moins souvent à notre époque de ces cons-
titutions assez robustes pour pouvoir les soumettre sans inconvénient à la médication Bertrand.
Ce célèbre hydrologue existerait encore qu'il se
verrait obligé de faire comme nous, tant nos
sujets sont généralement débiles, énervés et peu
disposés aux réactions physiologiques franches et
promptes ; sans crainte d'être démenti, nous osons
dire, cependant, qu'avec l'aide de nos nouvelles
ressources de thérapie thermale, nous obtenons des
résultats au moins aussi avantageux, et cela sans
secousse violente, sans troubles ni crises perturba-
trices. En effet, au moyen des inhalations de l'eau
en vapeur ou en poussière, nous faisons peut-être

mieux, et l'installation des nouvelles douches nous est aussi d'un puissant secours. Au surplus, quand la balnéation du Pavillon peut être employée, elle n'est pas négligée.

Quelles sont donc les causes de la médication du Mont-Dore considérée comme si active et si puissante, surtout dans ses effets primitifs et immédiats?

Certes, nous sommes loin de vouloir amoindrir l'action des principes chimiques et minéralisateurs en ce qui concerne les effets secondaires; nous attribuons même la continuité et la sûreté des guérisons à la médication altérante et substitutive exerçant son influence moléculaire sur l'organisme, surtout quand l'eau minérale est prise en *boisson;* la preuve c'est que souvent ce n'est qu'un mois, six semaines après ce travail chimico-physiologique, que tout rentre dans l'ordre normal.

Mais il est certain que parmi les propriétés physiques des eaux, il en est deux dont il faut tenir le plus grand compte : la chaleur et l'électricité. Cette dernière propriété, soupçonnée par Michel Bertrand, à laquelle il attribuait la surexcitation qui peut aller jusqu'au mouvement fébrile, est aujourd'hui une vérité facile à constater avec le galvanomètre de Nobili, comme nous l'a démontré M. Scoutetten au Mont-Dore. Du reste, les procès-verbaux des séances auxquelles assistaient tous les médecins de la station, ont été publiés dans la *Gazette des Hôpitaux* (juillet 1865).

1° Une expérience très-curieuse a constaté que l'immersion d'une partie du corps seulement, dans l'eau minérale, suffit pour déterminer instantanément des phénomènes électriques que la déviation de l'aiguille rend manifestes ;

2° Que les électropodes en platine mis dans l'eau *commune* ne recueillaient aucune trace d'électricité dynamique et que l'aiguille du galvanomètre de Nobili restait immobile ;

3° Que la même expérience, répétée avec de l'eau minérale, à sa température native, déterminait à l'instant une déviation considérable de l'aiguille ;

4° Que la même eau minérale examinée à des époques plus ou moins éloignées du puisement à la source et à des degrés variés de température, donnait des manifestations électriques différentes ;

5° Que ces manifestations faiblissent par l'abaissement de la température de l'eau et à mesure qu'on s'éloigne de l'époque du puisement, ce qui s'explique par la diminution, puis par la cessation des actions chimiques ;

6° Que l'eau mêlée au lait marque moins au galvanomètre ;

7° Enfin, que mélangée avec le sirop, les effets électriques sont encore plus faibles ;

D'après ces expériences et autres que je passe sous silence, le savant et respectable docteur Scoutetten établit que les eaux minérales diffèrent très-notablement des eaux ordinaires, de puits ou de rivière. Ce sont des eaux actives, vivantes ; elles sont à l'état *dynamique ;* les eaux de rivière au contraire sont à l'état *statique,* les actions chimiques y sont éteintes, et par cela même les effets électriques ne se manifestent plus.

De là les conclusions suivantes, qui·au point de vue clinique ont tenu si longtemps en éveil la sollicitude et l'observation des médecins de cette station :

1° Que les eaux minérales, lorsqu'elles émergent de la terre, sont dans un état d'activité exceptionnelle ;

2° Que celles qui sont très-chaudes empruntent leur calorique à de grandes profondeurs, et que là, dans les anfractuosités terrestres, il s'y opère sans cesse des combinaisons et des réactions chimiques, causes des phénomènes électriques observés à leur émergence ;

3° Que dans les eaux du Mont-Dore tout spécia-

lement, l'électricité dynamique y est extrêmement prononcée ;

4° Que c'est à cette circonstance principale que doivent être attribués les effets primitifs et immédiats des eaux, qu'elles soient prises *intus vel extrà* ;

5° Que les effets secondaires et durables sont le résultat des propriétés chimiques ;

6° Que douées de propriétés très-actives, elles doivent être surveillées avec soin dans leur emploi ;

7.° Enfin, que les modes variés d'administration de ces eaux contribuent aussi puissamment à leurs effets salutaires.

De la Laryngite chronique et des Angines granuleuses.

La laryngite chronique, parfaitement étudiée il y a quelques années par MM. Cruveilhier et Barth, est une affection assez commune faisant partie chaque année du contingent du Mont-Dore; souvent rebelle aux médications ordinaires, ou reparaissant facilement par l'effet des moindres causes, elle est toujours une gêne, un ennui dans l'existence quand elle n'est pas une maladie grave ; mais il peut arriver aussi que, sous l'influence d'une disposition par-

ticulière ou d'une diathèse spéciale, cette pathogénie, ordinairement bénigne en apparence, prenne
de mauvais caractères et dégénère en phthisie laryngée. Alors des symptômes alarmants, parfaitement
décrits par MM. Trousseau et Belloc, en sont la conséquence; il est donc de la plus haute importance
de bien distinguer les cas et de les soigner à temps
pour éviter une terminaison funeste.

Cette maladie a son siége dans la muqueuse laryngée, ou elle est sous-muqueuse.

Elle est simple ou ulcéreuse, péri, sus ou sous-
glottique, et peut occuper seulement les cordes
vocales.

La laryngite chronique est simple ou catarrhale,
quand elle consiste seulement dans un état irritatif,
hypérémique ou hypertrophique de la muqueuse,
et suivant son ancienneté, avec épaississement, indu-
ration ou ramollissement de son tissu ; d'autres fois
l'appareil folliculaire est isolément altéré. Laryn-
gyte *folliculaire,* si ces follicules constituent de petites saillies fermes et dures, c'est la laryngite *gra-
nulée ;* si au contraire la matière est ramollie, demi-
concrète, on la qualifie de *caséeuse,* elle peut être
tuberculeuse.

La laryngite ulcéreuse, plus connue sous le nom
de phthisie laryngée, peut consister dans une simple

érosion de la muqueuse ou dans de véritables ulcérations envahissant les parties sous-jacentes, tissu cellulaire, ligaments, muscles, enfin détruire, carier, nécroser les cartilages, et produire des perforations fistuleuses *intus et extrà*.

Très-rarement elle succède à une laryngite aiguë ou chronique, le plus ordinairement elle est concomitante, ou est la conséquence du principe syphilitique, de la tuberculose, de la phthisie pulmonaire, ou du cancer. Dans les deux premiers cas, si les désordres ne sont pas trop étendus, et le sujet offrant une certaine résistance, il est encore possible de les conjurer par quelques opérations, des moyens topiques et des médications générales plus ou moins spécifiques ; autrement il ne faut pas compter sur une réparation, la maladie est incurable.

Très-souvent il arrive que les manifestations pathologiques ne se bornent point au larynx, mais s'étendent au pharynx, aux piliers et au voile du palais, même à la trompe d'Eustache, comme aussi, elles peuvent commencer par ces dernières régions pour envahir plus tard le larynx et la trachée. Quoi qu'il en soit, bien que l'affection occupe une plus grande surface, qu'elle soit plus incommode et plus grave, si elle est simple, idiopathique ou syphilitique, la guérison est encore la règle. Pour plus de sûreté dans le diagnostic, il est alors très-urgent de s'assurer de l'état de la muqueuse au moyen du laryngoscope, et de déterminer si la laryngite est folliculeuse, granuleuse, ulcéreuse, ou s'il ne se serait pas développé des végétations, des polypes, ou autres productions morbides.

Comme dans les laryngites et angines chroniques avec granulations, érosions, et même ulcérations idiopathiques, nous observons chaque année au Mont-Dore des guérisons incontestables que nous attribuons spécialement à la présence de l'arséniate de soude en dissolution dans ces eaux, et probablement aussi à l'action du fer et autres principes minéralisateurs qui entrent dans leur composition, je puis sans crainte, dès aujourd'hui, énumérer les circonstances principales dans lesquelles notre traitement offre des chances de succès. Bientôt j'espère être en mesure de prouver par des faits nombreux l'assertion que j'émets actuellement.

1º Cas simples dont la cause est facile à apprécier : tempérament faible, susceptibilité nerveuse ; fatigue suite d'efforts habituels de la voix; pharyngolaryngite des ecclésiastiques, des avocats, des chanteurs, etc.; tendance aux rhumes, aux maux de gorge, par l'effet du moindre refroidissement des pieds, l'inspiration d'un air humide et frais, une légère suppression de la transpiration, enfin disposition rhumatoïde..... La pléthore sanguine, les bouffées congestives à la tête sont des circonstances défavorables, et exigent des différences notables dans l'administration des eaux; c'est là surtout que la méthode révulsive instituée par M. Bertrand trouve spécialement son application.

2° Le principe rhumatismal originaire ou acquis, se portant au moindre appel ou par métastase vers les organes de la déglutition et de la respiration, est une cause commune d'angine et de laryngite. Cet état protéique, par ses retours fréquents sur des parties qui, sous le rapport de leur texture et de leurs propriétés vitales, tiennent le milieu entre les organes de la vie végétative et la vie de relation, produit d'abord de la chaleur, de la sécheresse dans la gorge, de l'enrouement et une toux gutturale ou laryngée toute particulière; à la suite de ces irritations successives, la muqueuse s'hypertrophie, et il se développe des granulations. Contre cette forme morbide toute spéciale, ces eaux ont une action remarquable. Elles agissent d'une manière directe sur les altérations locales par les irrigations dans la gorge, par l'inspiration de l'eau poudroyée pure ou plutôt mêlée à celle en vapeur; prises en bain, en douche et en boisson, leurs principes minéralisateurs stimulent, tonifient l'organisme entier, et l'observation démontre que, par leurs propriétés essentiellement sudorifiques, elles peuvent conjurer la cause rhumatismale elle-même.

Je n'ai pas vu la goutte franche, bien que très-invétérée, faire retentir ses jetées par des granulations sur le palais, le pharynx ni le larynx.

3° L'herpétisme, état particulier de l'économie qui dans ses manifestations offre tant de nuances diverses, depuis le simple échauffement du sang et l'acrimonie des humeurs, comme le disaient les anciens, jusqu'à la diathèse dartreuse ou psorique, est souvent une cause de la maladie dont nous parlons. Ce qu'a dit le judicieux clinicien Chomel de cette corrélation intime, ce qu'ont écrit MM. Fontan et Noël Guéneau de Mussy, nous sommes à même de le constater au Mont-Dore, où un grand nombre de malades se rendent à l'époque thermale pour se soigner de cette affection.

Beaucoup d'entre eux, déjà traités par des caustiques ou d'autres moyens topiques, semblent guéris de leurs granulations; mais, la muqueuse étant encore irritée et les follicules plus ou moins poursouflés, ils n'en éprouvent pas moins dans la gorge une chaleur âcre, fort incommode, accompagnée d'une constriction désagréable; ils sont sujets à la toux

3

râpée signalée par M. Mandl, au *hem* des Anglais;
enfin la voix est plus ou moins voilée et couverte.
Dans ce cas le traitement local du Mont-Dore, véritable topique minéral employé à grande eau et à jet
continu, modifie sensiblement les propriétés vitales
comme les propriétés de tissu des parties malades et
revenues à leur état physiologique; l'irritation est
éteinte et les granulations n'ont plus de tendance à
repulluler. Comment leur retour serait-il possible?
L'herpétisme est le plus souvent neutralisé par la
saturation organique des substances altérantes et
substitutives des principes minéralisateurs de l'eau
thermale employée sous toutes les formes à l'inté-
rieur et à l'extérieur, conformément aux pratiques
nombreuses et variées de l'établissement.

Une autre série est composée de malades qui préa-
lablement ont été soignés par les préparations sulfureuses. Cette médication, si souvent employée
dans le traitement de l'herpétisme, a une grande
valeur, sans doute; mais elle a aussi ses écueils, et
nous ne passons pas d'année sans voir des malades
réfractaires chez lesquels elle a échoué complète-
ment. D'ailleurs des faits de ce genre sont constatés
journellement à l'hôpital Saint-Louis; ce que le
soufre ne guérit pas, l'arsenic en fait souvent jus-
tice. Les résultats sont les mêmes au Mont-Dore,

dont les eaux ne contiennent pas un atome de soufre, l'arseniate de soude, le fer, les chlorures, les
sulfates, les carbonates, etc., en étant les principes
essentiellement constituants. Le silence de M. Green
sur l'influence de l'herpétisme, les réserves de
Mandl sur ce point de doctrine, et ses doutes sur
l'efficacité des eaux sulfureuses, n'infirment en rien
l'importance de notre médication thermale.

4° Les eaux peuvent aussi être d'une utilité réelle
lorsque les granulations sont concomitantes du lymphatisme ; ce que nous observons souvent dans la
jeunesse. Mais si cette idiosyncrasie est portée à un
état strumeux ou scrofuleux assez prononcé, seules
elles ne pourraient suffire ; il en est de même de la
coexistence des principes syphilitique, cancéreux
ou scorbutique, qui pour guérir, ou au moins être
atténués, ont besoin de traitements spéciaux.

5° Lorsque l'angine ou la laryngite granuleuse
coïncide avec une amygdalite chronique, que les
follicules sont hypertrophiés, le traitement du Mont-
Dore est d'une efficacité incontestable, et je ne suis
point surpris des succès que M. Lambron a obtenus
à Bagnères. Il ne faut pas cependant que les amygdales
soient hypertrophiées au point de former un tout
carnifié. Les chances sont plus certaines si les utri-
cules contiennent une humeur visqueuse ou du

muco-pus, ou si encore les tubes folliculaires sont remplis d'une sécrétion très-épaisse et même concrète; on la voit alors sur leurs orifices déposée en petits grumeaux ressemblant à des grains de semoule ou à la matière sébacée des tannes de la peau. J'en ai vu déjà plusieurs exemples, et je me souviendrai toujours de l'angine d'un percepteur et d'une jeune fille de dix-neuf ans, dont les tonsilles très-grosses et considérées comme hypertrophiées, étaient remplies d'une substance analogue à celle des kystes athéromateux. Après quatre ou cinq jours de traitement, par la pression des amygdales entre deux doigts, j'en fis sortir, comme par une pomme d'arrosoir, une quantité considérable de cette matière, mêlée à quelques granulations pierreuses. Les tonsilles, réduites alors à l'état d'éponge, rentrèrent entre leurs piliers, et la continuation du traitement local et général ayant tonifié et resserré leur tissu, leur volume est resté normal, et cette sécrétion n'a plus reparu.

6° Le coryza, la dureté de l'ouïe, les douleurs d'oreilles, la toux laryngée, trachéale et bronchique, liaisons si fréquentes des angines granuleuses, disparaissent ordinairement une fois la maladie principale détruite. Les granulations les plus rebelles sont celles qui siégent à la partie postérieure du voile du

palais et à la région basilaire, comme cela se voit
spécialement chez certains fumeurs ou priseurs,
parce que le traitement local ne peut point agir
aussi directement sur les altérations anatomiques.

7° La pharyngite et la laryngite chroniques, si
communes dans le cours de la phthisie tuberculeuse,
se compliquent rarement de productions granuleuses. D'après les observations nécroscopiques de
MM. Andral et Louis, les follicules muqueux ont
plus de tendance à sécréter de la matière tuberculeuse, à se ramollir et à s'ulcérer qu'à s'hyper-
trophier. Dans l'une comme dans l'autre situation,
très-fâcheuses sans aucun doute, nous voyons cependant chaque année quelques guérisons inespé-
rées, et nous sommes heureux de pouvoir constater
que, dans certains cas particuliers, il reste encore
une ressource aux malheureux phthisiques.

L'observation des modernes s'accorde sur ce point
avec le témoignage des anciens. Sidoine Apollinaire,
qui vivait au cinquième siècle, et dont la maison de
campagne était voisine du Mont-Dore, thermes très-
fréquentés de son temps, dit en parlant de leurs
vertus : « *Calentes nunc te baiœ, et scabris caverna-
tim ructata pumicibus aqua sulphuris atque jecorosis
ac phtisiscentibus languidis medicabilis piscina delec-
tat.* » (L. V, 14ᵐᵉ lettre à son ami Aper.)

Des Bronchites à râles bullaires et vibrants, au Mont-Dore.

Parmi les maladies de poitrine observées chaque année au Mont-Dore, les affections bronchiques sont, sans contredit, les plus communes; rarement à l'état simple, elles sont presque toujours accompagnées d'emphysème, d'asthme, de tubercules ou de toute autre complication.

Dans les bronchites simples ou prétendues telles, ce n'est que par exception qu'un traitement thermal est formellement prescrit; il faut que la tenacité de la toux, les caractères de l'expuition, la mauvaise organisation du malade, ses antécédents héréditaires ou acquis, inspirent des craintes pour prendre une semblable détermination. Il n'en est pas de même des bronchites chroniques invétérées avec râles bullaires ou vibrants plus ou moins persistants, si rebelles aux médications ordinaires : les eaux du Mont-Dore sont souvent indiquées pour en obtenir la guérison.

Ces maladies ainsi qualifiées par MM. Beau et Raciborski, forment un groupe très-complexe dont il était important d'établir les différences aux points de vue de leur siége, de leur nature, du pronostic et du traitement : aussi les praticiens doivent être reconnaissants envers ces savants médecins de leurs appréciations cliniques.

Quand ces espèces de bronchites se présentent à notre observation au Mont-Dore, elles sont presque toujours sur la pente d'une complication, si elle ne s'est déjà manifestée : symptômes de phthisie ou d'asthme; et très-souvent elles sont accompagnées d'un état diathésique rhumatismal, goutteux, lymphatique, herpétique ou anémique.

Bronchites à râles bullaires. — La bronchite chronique à râles bullaires a pour siége principal la muqueuse des tuyaux bronchiques d'un certain calibre; elle s'étend facilement du côté de la trachée; mais elle pénètre moins aisément dans les capillaires et les vésicules pulmonaires que lorsqu'elle est aiguë. Souvent il n'y a qu'un seul côté d'affecté; il peut même n'être attaqué que partiellement. Elle se montre de préférence dans l'enfance et la jeunesse, plutôt chez les petites filles et les jeunes femmes; cependant il n'est pas rare de l'observer chez des adultes débiles ainsi que sur des vieillards. Chez ces derniers elle constitue l'état catarrhal et pituiteux des anciens auteurs, tandis que, dans l'âge tendre, quand la maladie se prolonge

avec pâleur, altération des traits, épuisement, elle
est encore considérée par quelques médecins comme
une phthisie avec ulcération muqueuse : c'est qu'en
effet, à ces deux périodes extrêmes de la vie, une
terminaison aussi funeste peut s'ensuivre, soit par
le fait d'une diathèse purulente, soit plutôt par une
production de granulations miliaires. Seulement
les tubercules se développent avec bien plus de facilité dans la jeunesse.

Les caractères principaux de la bronchite chronique à râles bullaires sont une toux grasse, facile,
sans spasme, suivie d'une expuition abondante de
mucosités verdâtres, jaunâtres ou de muco-pus.
Souvent une sensation de douleur obtuse et pro-
fonde derrière le sternum, quelquefois le soir un
peu de fièvre avec une dyspnée légère, mais bien
différente de celle de l'asthme, du râle muqueux à
grosses bulles, spécialement en arrière et au bas du
thorax; dans certains cas du gargouillement dans
les grosses bronches, mais sans cavernes. Il peut
arriver aussi qu'après l'expectoration, il succède à
ces bruits, çà et là, de la sibilance et une légère
crépitation humide.

Ce qui distingue cette bronchite de la phthisie,
c'est qu'en outre des symptômes généraux, des antécédents et des commémoratifs, il y a absence d'hé-

moptysie, de craquements et de respiration saccadée
d'abord, ensuite de râle caverneux et de pectorilo-
quie; enfin, par la percussion, le son n'est jamais
mat ni trop clair.

La bronchite chronique à râles bullaires est d'autant plus grave que les médications les mieux en-
tendues sont souvent sans influence sur sa marche
et sa continuité. Quand elle résiste, le traitement du
Mont-Dore est certainement celui qui lui convient
le mieux; l'observation de tous les temps a démontré que ses eaux, prises en boisson, tout en tonifiant
et stimulant l'organisation entière, ont la vertu spéciale d'agir directement sur les organes de la respiration, de manière à y exercer une action moléculaire qui modifie avec avantage leurs propriétés
vitales comme leurs propriétés de tissu. Les inhalations, en rapport immédiat avec la muqueuse
bronchique, opèrent encore plus directement la
résolution de l'état catarrhal. Les bains entiers ou
partiels et les douches produisent à l'extérieur une
révulsion puissante, traduite par de la rougeur, de
la turgescence à la peau, de la moiteur, et souvent
une sueur abondante suivie d'éruptions diverses.

Après dix à quinze jours d'un traitement bien
conduit, règle générale, une amélioration remarquable succède déjà à l'état de faiblesse et d'épuise-

ment dans lequel étaient beaucoup de malades à leur arrivée ; si plusieurs ne sont pas guéris à leur départ, ils sont ordinairement assurés d'être bien moins incommodés par les accès de toux et les crachats abondants qui en sont la conséquence. Je me propose de confirmer bientôt ces assertions par un grand nombre de faits : pour le moment, j'en rappellerai quelques-uns de fraîche date, parmi ceux dont le succès a été remarquable ces dernières années ; j'invoquerai à l'appui l'autorité des médecins célèbres et distingués dont j'ai vu les malades, et j'en appelle au souvenir de MM. Cruveilhier, Gendrin, Monod, Devergie, Nonat et Bazin, de Paris ; Tessier, Girin et Philippeaux, de Lyon ; Jannin, du Mans ; Trapenard, de Gannat ; Cornil, de Vichy ; Thomas, de Tours ; Bergeon, de Moulins ; Laborde, de la Palisse ; Lepiez, de Saint-Germain-en-Laye ; Chauffard, d'Avignon ; Puydebas, de Bordeaux, etc.

Bronchites à râles vibrants. — Les eaux du Mont-Dore sont encore employées avec avantage dans le traitement des bronchites chroniques à râles vibrants, sibilants, avec roncus sonores, ronflants, etc., même quand elles sont compliquées d'asthme et d'emphysème. Beaucoup plus commune que celle à râles bullaires, la bronchite avec râles vibrants peut exister sans oppression ; dans ce cas elle constitue les rhumes ordinaires qui, chez certaines personnes, se développent si facilement par l'impression de l'humidité et de la moindre fraîcheur; elle est souvent précédée et accompagnée pendant quelques jours ou même quelques heures, de céphalalgie, d'éternuement, de larmoiement, de coryza, enfin d'un état de courbature générale : c'est cette variété que l'on observe habituellement dans les épidémies de grippe.

Chez certains individus, cette espèce de pathogénie, qui mérite à peine le nom de maladie, passe et revient tour à tour avec la plus grande facilité, soit par l'effet d'une prédisposition toute spéciale, de circonstances professionnelles, ou par négligence et manque de soins; alors au bout d'un certain temps, et quelquefois d'emblée, de l'oppression survient; elle finit même par prendre peu à peu les caractères d'accès d'asthme nerveux spasmodique ou emphysémateux; rarement la tuberculose est concomitante de ces espèces de bronchites; en revanche elles sont souvent liées à une diathèse rhumatismale, goutteuse ou herpétique.

Dans un travail publié sur l'emphysème pulmonaire en 1859, j'ai démontré comment agissait la médication thermale pour obtenir ces résultats sur les vésicules dilatées sur l'état catarrhal; j'ai tenu compte aussi de l'altitude des lieux, de l'influence balsamique de l'air et de la pureté de son ozone. Cette triade thérapeutique, physique et physiologique, constitue dans l'espèce une puissance médicale de premier ordre qu'on ne retrouve guère qu'au Mont-Dore,

Bronchites sous forme d'asthme,

Si la dyspnée asthmatique tient à un état purement nerveux, sans emphysème ni bronchite, si ce n'est à l'état rudimentaire, les avantages ne sont pas toujours aussi assurés; toutefois si les nerfs pneumo-gastrique et phrénique sont sous une influence rhumatogène ou exanthématogène, le succès est rapide et aussi complet. Seulement, au bout d'un certain temps, les accès d'asthme reparaissent plus facilement, surtout si l'organisme est entaché d'une prédisposition héréditaire.

Ce n'est point ici le lieu de discuter les différentes théories sur les manifestations de l'asthme. Malgré l'autorité et les raisons données par Rostan et Beau, qui considéraient cette névrose essentielle comme un mythe, l'observation annuelle nous oblige de conserver une place pour l'asthme spasmodique idiopathique. Avec un catarrhe intermittent et du mucus épais emprisonné dans les cellules et les capillaires bronchiques, Beau expliquait bien, comme Laënnec l'avait déjà compris, la dyspnée avec son pénible cortége; mais derrière cette bronchite intermittente et au-dessus, se trouve une cause occulte qui la précède et domine de toute son influence sur les cordons nerveux. Dans l'espèce, je crois, avec M. A. Lefèvre et la généralité des médecins, que, pour le début des accès d'asthme, l'innervation troublée joue un rôle préalable aussi important que dans la coqueluche; autrement pourquoi, dans les bronchites capillaires à marche continue, et avec du mucus épais, n'observe-t-on pas de dyspnée asthmatique?

Nous n'examinerons pas non plus si l'emphysème est une altération pathologique primitive et persistante indépendante de bronchite, comme le prétend M. Louis, ou si cette lésion des vésicules est précédée et essentiellement liée à un catarrhe plutôt sec qu'humide, comme l'a professé Laënnec; disons seulement que, dans l'immense majorité des cas, Laënnec et Beau ont raison, et que leur manière de voir est conforme à ce que nous voyons au Mont-Dore.

Il en est de ces questions absolument comme de

celle sur laquelle Broussais et Laënnec ont écrit avec tant d'aigreur, à savoir si les irritations bronchiques sont les causes directes et immédiates de l'évolution des tubercules, ou si ces productions peuvent se développer sans causes prochaines irritatives et inflammatoires. Si nous avons bien observé, l'une et l'autre circonstance sont vraies, la dernière plus souvent que la première : voilà toute la différence.

Quoi qu'il en soit, les bronchites chroniques à râles vibrants, se développent à tous les âges de la vie, mais surtout dans l'âge mûr et la vieillesse ; nous en voyons cependant annuellement sur des enfants. Quand elles sont compliquées de dyspnée, elles sont souvent héréditaires. Outre les circonstances atmosphériques, morales et énervantes, toutes les causes qui tendent à irriter les bronches et à vaincre l'élasticité des extrémités capillaires peuvent les déterminer ; enfin les états diathésiques sont aussi des causes de bronchite avec asthme et emphysème.

Contrairement aux bronchites bullaires, celles à râles vibrants affectent plutôt les deux poumons ; il est rare qu'elles se bornent à un seul côté et qu'elles y deviennent partielles : si ce cas se produit, ce n'est que temporairement ; elles se généralisent facilement et gagnent de préférence les capillaires et les vésicules bronchiques, en arrière d'abord, ensuite sur les côtés, puis en avant.

Leurs caractères principaux sont, après ou pendant le coryza, une toux quinteuse, sèche d'abord, sans expuition et un peu d'oppression. Si la bronchite est entachée d'asthme et d'emphysème, ces symptômes se montrent surtout la nuit, la dyspnée peut aller jusqu'à l'orthopnée; alors il tarde au malade comme au médecin de voir expectorer le mucus gluant qui s'oppose au passage de l'air et à l'hématose.

Par la percussion, sonorité exagérée de la poitrine, quelquefois avec voussure des espaces intercostaux, affaiblissement du murmure respiratoire constaté par l'auscultation; de plus, râle sibilant pur et sous-crépitant sec, çà et là roncus sonore mêlé à du râle muqueux; ces bruits sont plus marqués à l'expiration qu'à l'inspiration. Quand les bronches sont vidées, tout rentre dans l'ordre jusqu'à une nouvelle attaque. Cependant, dans l'emphysème, la respiration reste presque toujours plus courte, et il y a une petite toux.

Malgré leur appareil effrayant de symptômes, les bronchites à râles vibrants n'offrent pas les mêmes dangers que celles à râles bullaires; la première variété, qui n'est souvent qu'un rhume plus ou moins fort, avec fièvre ou un état grippal, est ordinairement sans gravité; cependant, par ses retours, elle peut parfaitement conduire à l'emphysème et à l'asthme, états morbides considérés à tort comme des brevets de longue vie : ils se compliquent rarement de tubercules, il est vrai, mais en revanche les maladies du cœur ou des gros vaisseaux en sont souvent le résultat. D'un autre côté, que de gêne dans le cours de l'existence! Que de privations! Ce qui est ordinaire dans la vie normale, est, pour les asthmatiques, une fatigue ou la source de nouveaux accès de suffocations; tout travail actif leur est interdit; par l'effet de la moindre cause, ils sont sujets à s'enrhumer, et chez eux un rhume est une maladie sérieuse.

C'est à ces dernières variétés que les eaux du Mont-Dore doivent spécialement être appliquées, d'autant mieux qu'à la longue ces espèces de bronchites bullaires et vibrantes, avec asthme et emphysème, peuvent être concomitantes, et cette coïncidence produit souvent des troubles incurables dans les organes de la respiration et de la circulation.

Pendant la saison des eaux, l'affluence des malades avec bronchite sous forme d'asthme est considérable au Mont-Dore, et, disons-le sans crainte d'être taxé d'exagération, il n'existe pas de médication plus salutaire; l'eau minérale en boisson, bains, demi-bains, pédiluves, douches diverses suivant les cas, et surtout les inhalations de vapeurs ou d'eau pulvérisée, produisent toujours du soulagement et guérissent souvent.

La matière médicale du Mont-Dore est réduite, autant que possible, à de l'eau minérale employée sous les formes variées indiquées ci-dessus. Mais que de nuances dans l'application, les doses, la température, l'ordre et la durée des pratiques thermales! Impossible d'entrer ici dans tous ces détails. Autant d'idiosyncrasies, autant de prescriptions spéciales; d'autre part, les maladies auxquelles s'adressent ces eaux sont si faciles à dévier, à se compliquer d'accidents nouveaux, et leurs propriétés sont tellement actives que leur emploi doit exiger une surveillance de tous les instants : il n'y a pas de station thermale où les malades soient plus gâtés sous ce rapport; une fois en traitement, ils ne s'appartiennent plus, et nous ne doutons pas que cette sollicitude continuelle et traditionnelle ne contribue énormément aux succès obtenus.

Dans le chapitre qui précède sur l'administration thérapique des eaux du Mont-Dore, nous avons examiné ces diverses pratiques thermales; nous ne

4

croyons pas devoir revenir sur ce sujet. Pour terminer, nous engageons nos confrères à venir sur les lieux juger par eux-mêmes de nos moyens et de leurs effets; ils jouiront en même temps de l'agrément de voir un beau paysage, et de visiter une petite Suisse au milieu de la France.

Du Catarrhe de la Trompe d'Eustache avec dureté de l'ouïe et même surdité.

Les eaux du Mont-Dore ont une action toute spéciale dans le traitement des affections catarrhales des muqueuses dont l'épithélium est à cils vibratiles. Depuis le coryza, les maladies de la gorge ou du larynx et les diverses bronchites chroniques, jusqu'au catarrhe utérin dont la surface libre de la muqueuse est aussi pourvue de ces nombreux filaments, leur puissance n'est pas douteuse. Rien n'est donc plus naturel que d'obtenir la résolution du catarrhe de la trompe d'Eustache composée des mêmes éléments anatomiques; quand la muqueuse est tuméfiée, congestionnée directement ou indirectement au point d'obstruer ce conduit et de s'opposer au passage des ondes sonores. Ce qui occasionne des difficultés dans l'audition, des sifflements, des roncus, des bourdonnements d'oreille fatigants, qui à la rigueur peuvent persister et conduire à une surdité plus ou moins grande.

Toutes les muqueuses de cet ordre sont très-vasculaires, plus riches en tissu lamineux qu'en fibres élastiques, et possèdent beaucoup de glandes; par leur texture, elles sont très-susceptibles d'irritation et d'inflammation. La petite muqueuse de la trompe l'est encore plus que ses voisines, parce que son organisation est plus délicate, que sur son pavillon se trouvent de longs cils très-fourrés et beaucoup de glandes en grappe. D'ailleurs, par sa continuité avec les muqueuses des narines, de la surface bazilaire, de la gorge et des voies aériennes, sans cesse en contact (cette dernière surtout) avec l'air ambiant, tantôt chaud, froid, ou humide, souvent chargé de poussière, de corpuscules irritants, d'émanations ou de gaz nuisibles, elle échappe rarement aux maladies qui frappent ces diverses régions.

Le catarrhe de la trompe est donc rarement au début une maladie primitive et simple; le plus souvent c'est une otite aiguë concomitante ou symptomatique d'un coryza, d'un rhume, d'une amygdalite, d'une pharyngite, enfin d'un refroidissement cause de douleurs névralgiques plus ou moins vives à la tête et aux oreilles.

Si la résolution de l'inflammation auriculaire ne s'opère pas franchement en même temps que celle des muqueuses affectées, il peut en résulter des inconvénients graves pour l'audition, surtout si le malade est sous l'influence d'une diathèse rhumatogène ou exanthématogène ; alors la muqueuse du pavillon reste gonflée, s'hypertrophie, le canal déjà fort étroit se trouve obstrué, les sons n'arrivent plus avec la même harmonie dans la caisse du tympan ; les vibrations ont lieu néanmoins par le conduit auditif externe au moyen de la membrane tympanique ; mais, les petits muscles des osselets sont souvent eux-mêmes en souffrance, rhumatisés, enflammés, et ne peuvent produire que des oscillations imparfaites. De là des bruits anormaux, une confusion plus ou moins marquée dans le sens de l'ouïe.

D'autres fois, ce catarrhe, surtout chez les enfants, est lié à une hypertrophie des amygdales, ou à un mouvement humoral qui passe et revient tour à tour par l'effet de la moindre cause, spécialement des variations atmosphériques, et s'il existe une diathèse lymphatique ou scrofuleuse, les rechutes sont encore plus fréquentes. Enfin ce catarrhe dégénère souvent en un écoulement purulent par le conduit auditif externe, avec dureté ou perte de l'ouïe.

Dans le premier cas, pour remédier à cette espèce de surdité, la chirurgie et notamment les spécialistes essaient bien de détruire l'obstacle en désobstruant le canal de la trompe par des cathétérismes, des cautérisations, des injections médicamenteuses et autres moyens ; ils réussissent d'abord, et les malades semblent guéris ; mais souvent ces guérisons sont illusoires et de courte durée, parce qu'il existe une diathèse qui s'oppose à un succès assuré. Les plus ordinaires chez les adultes sont les dispositions dartreuses et rhumatismales ; dans l'enfance et la jeunesse, le lymphatisme et la scrofule. Dans tous les cas, la médication thermale arsénifiée ou sulfureuse est indiquée ; celle du Mont-Dore fournit chaque année son contingent. Si les docteurs Ménière, Blanquet et Triquet existaient encore, ils pourraient l'affirmer comme moi. Beaucoup de malades me sont venus de leur part dans ces conditions ; généralement ils sont partis satisfaits. D'ailleurs rien n'est plus rationnel ; après le traitement chirurgical qui ouvre la voie, le traitement thermal dissipe ou atténue la diathèse et évite les rechutes.

Par exemple, j'ai vu deux cas réfractaires très-extraordinaires, tous les deux étaient de nature syphilitique. L'inoculation provenait à n'en pas douter des manœuvres et attouchements avec des instruments contaminés ; l'un concernait une jeune fille de 18 ans soignée après la saison thermale par les docteurs Vigla, Ricord et Gosselin ; l'autre, un jeune lycéen de 15 ans, soigné aussi plus tard par les docteurs Ricord et Michon. Chez ces deux malades, rien aux parties génitales, pas de pustules sur la peau, mais la pléiade ganglionnaire au cou ; avec le rhinoscope, constatation de chancres derrière le pilier du voile du palais et sur tout le pavillon de la trompe ; douleurs violentes par instants dans l'oreille interne, surdité manifeste, déglutition difficile, narines obstruées par du muco-pus infecte. Chez ces deux malades, il a fallu un traitement antisyphilitique, bien dirigé pendant six mois, pour obtenir une guérison qui, il faut l'espérer, est radicale.

S'il m'était permis de dépasser les limites d'un article de journal, je rapporterais des faits nombreux de guérison de dureté d'oreille et même de surdité, quand ces infirmités se trouvaient liées aux diathèses déjà signalées : rhumatisme, dartre, scrofule, lymphatisme, état catarrhal.

Il ne faut pas cependant qu'il y ait paralysie déclarée du nerf acoustique, ni destruction des pièces de l'organe de l'ouïe. Donner de l'espoir en pareille occurrence serait le plus souvent un leurre, surtout si le catarrhe et la surdité sont de vieille date. J'ai vu cependant l'année dernière un notaire qui m'était recommandé par le docteur Nicolas, de Vichy. Quoique très-sourd depuis six ans, ce malade, que je croyais incurable, quitta le Mont-Dore avec une amélioration sensible, avantage immense pour l'exercice de ses fonctions, dont il avait besoin pour soutenir sa famille. Bien que ce ne soit qu'un demi-succès, le fait n'en est pas moins important à signaler, d'autant plus que les traitements chirurgicaux avaient été inutiles. Ce malade était sous l'influence d'une diathèse herpétique.

Celles qui ont le plus de chance de guérir au Mont-Dore sont les surdités rhumatismales et les surdités catarrhales de l'enfance. Souvent des adultes qui viennent pour des affections de la gorge, du larynx ou des bronches, et qui en même temps sont plus ou moins sourds; sont agréablement surpris après huit à dix jours de traitement, d'entendre d'une manière claire et précise comme aux beaux jours de leur jeunesse.

Si l'infirmité provient d'une hypertrophie des amygdales, le meilleur moyen sans contredit est de les faire reséquer. J'ai vu cependant des enfants, chez lesquels cette opération n'avait pu être pratiquée, guérir en même temps de leur hypertrophie amygdalienne et de leur surdité. Deux jeunes enfants, l'un de Bordeaux, l'autre des environs d'Angoulême, ont eu cette heureuse chance.

J'en ai soigné d'autres plus âgés à qui on avait enlevé ces glandes et qui étaient aussi sourds après qu'avant, parce qu'il restait encore une inflammation chronique de la muqueuse du pavillon et de la trompe, suffisante pour obstruer ce conduit, et qu'il existait une diathèse qui entretenait cet engorgement. Pour détruire ces deux causes réunies, le traitement thermal du Mont-Dore est indispensable; généralement on doit compter sur son efficacité.

La médication thermale agit de trois manières :

1° Comme substitutive et reconstituante du sang au moyen des dissolutions salines dans l'eau minérale prise en boisson et en bains, et dont l'absorption par la peau n'est pas douteuse pour nous quand la température de l'eau est au-dessous de celle du corps.

2° Comme topique résolutif en agissant directement et localement sur la muqueuse malade au moyen des douches gutturales, nasales, des gargarismes, des aspirations d'eau minérale par les narines au point de la faire passer dans l'arrière-gorge.

3° Comme application dérivative par l'emploi des

douches sur la nuque, les régions mastoïdienne, auriculaire, et en pédiluves.

Enfin les inhalations d'eau en vapeur ou d'eau pulvérisée, suivant les cas, viennent compléter ce traitement et agissent d'une manière complexe.

Des considérations générales ci-dessus énoncées et des faits contrôlés par l'expérience, nous dirons pour nous résumer :

1° Que le traitement minéral du Mont-Dore convient et rend de grands services dans la surdité catarrhale, quand elle a résisté aux médications ordinaires, surtout chez les enfants faibles, lymphatiques, scrofuleux, dont il modifie avantageusement la constitution.

2° Que si la maladie est dominée par une cause rhumatismale, on doit espérer un succès, les eaux ayant une puissante action sur ce principe morbide. C'est dans cette variété que les inhalations de vapeur ont le plus de succès.

3° L'eau pulvérisée est employée de préférence pour les cas où l'herpétisme domine. Dans ce genre de surdité, il y a moins de catarrhe que d'hypérémie et d'inflammation chronique dans la trompe. Le traitement doit être plus prolongé.

4° L'hypertrophie légère des amygdales n'est pas une contre-indication de l'usage des eaux.

5° Enfin, ce traitement ne convient pas quand l'inflammation est sous l'influence d'une syphilis aiguë.

———— ❦ ————

Clermont-Ferrand, typographie Mont-Louis, rue Barbançon.

www.ingramcontent.com/pod-product-compliance
Lightning Source LLC
Chambersburg PA
CBHW050524210326
41520CB00012B/2427